AF563771

HISTOIRE
PHYSIQUE ET MORALE
DE LA FEMME,

PAR

CLÉMENT **OLLIVIER** (D'ANGERS),

CHEVALIER DE LA LÉGION D'HONNEUR, ETC.,

Médecin spécial pour les Maladies des Femmes,

[illegible]

> Primum quidem, igitur generationem non ab uno fieri necesse est : quonam enim pacto unum, cum existat, aliquid generabit, nisi cum aliquo misceatur?...
>
> (HYP... *De Naturâ hominis.*)

Première Livraison.

PRIX : 60 C. — PAR LA POSTE, 75 C.

A PARIS,

CHEZ LES PRINCIPAUX LIBRAIRES,

ET CHEZ L'AUTEUR,

RUE DES SAINTS-PÈRES, N° 38.

1851

SOMMAIRE DES ARTICLES

CONTENUS DANS LA PREMIÈRE LIVRAISON.

PRÉFACE.

C'est en 1775 que le docteur Roussel publia son immortel ouvrage sur la femme; et, depuis cette époque, tout ce qui a paru sur le même sujet a semblé revêtir le cachet d'élucubrations plus ou moins érotiques, comme si la physiologie de la femme ne pouvait prêter qu'au scandale et au libertinage.

En publiant cet ouvrage, nous avons pensé qu'une semblable tâche nous imposait l'impérieux devoir de traiter notre sujet sous un point de vue plus sérieux et surtout plus moral.

Nous avons partagé notre livre en deux parties. Dans la première partie, nous avons étudié la femme au point de vue moral. Dans la seconde partie nous l'avons étudiée au point de vue physique.

La première partie renferme l'étude de la

femme dans deux catégories bien distinctes; savoir : Étude de la femme esclave ou soumise aux lois païennes ou de l'Alcoran; et, Étude de la femme libre ou vivant à l'abri des doctrines du Christ.

Dans cette première partie, nous avons fait ressortir, quoique d'une manière succincte, les mœurs et usages de la femme dans les principales régions du Globe. Nous avons pensé qu'il était tout à fait inutile d'entreprendre la description des mœurs des femmes de peuplades sauvages, notre but étant de mettre en relief les avantages de la femme chrétienne ou libre, sur la femme païenne ou esclave, contraste qui se trouve suffisamment établi entre la femme européenne et la femme orientale.

Dans la seconde partie, après avoir décrit l'anatomie sexuelle de la femme, nous avons commencé son histoire physiologique qui offre un intérêt tout nouveau, autant aux hommes de science qu'aux gens du monde, en raison des travaux récents publiés sur la génération, travaux qui, en venant confirmer des opinions déjà depuis longtemps émises mais oubliées, ont acquis à la science d'intéressantes découvertes qui laissent bien loin en arrière toutes les théories généralement adoptées de nos jours.

Notre livre aura donc le mérite de populariser les travaux remarquables et tout nouveaux des savants, sur la génération. C'est pour arriver à ce but, et mettre notre ouvrage à la portée de tout le monde, que nous avons songé à le publier par livraisons, de manière à ce qu'il soit possible à l'ouvrier comme au riche de se le procurer.

Nous espérons, pour notre livre, toute la faveur du public, faveur que nous nous sommes efforcé de mériter par notre réserve, dans un genre où il est si facile de blesser les oreilles modestes et honnêtes.

Sans avoir eu l'intention de nous poser comme un défenseur du beau sexe, nos études, nos recherches, aussi bien que nos goûts, nous ont obligé à devenir son défenseur, lorsque tant d'autres n'ont su trouver, en pareille occasion, que calomnies et injures.

Pourquoi déverser l'injure sur celles qui, en

nous rendant heureux, compromettent leur repos et souvent leur honneur? excusons-les au moins, si nous ne les secourons, ce ne sera pas faire grand effort de générosité.

La physiologie de la femme ne doit pas être considérée seulement au point de vue romanesque, comme le prétendent la plupart des auteurs : en effet, il ne faut pas perdre de vue que l'étude seule de la physiologie peut conduire à des connaissances exactes en thérapeutique, et que c'est en négligeant ce point essentiel, que jusqu'à ce jour on a abandonné à l'empirisme le traitement des maladies des femmes.

Le rationalisme médical dérive essentiellement des connaissances physiologiques, et l'on ne doit prétendre à aucun succès en médecine, aussi bien dans le traitement des maladies des femmes, que dans celui des autres affections, si on s'éloigne de cette règle qui est de la plus grande précision. Tel est le principe auquel nous devons nos succès dans le traitement des maladies des femmes dont nous nous sommes fait une spécialité déjà depuis seize années.

Nous avons retracé avec d'autant plus de soins

cette histoire physiologique, que notre intention est de faire suivre ce travail de l'*Histoire pathologique de la Femme*, ouvrage dans lequel nous détaillerons nos opinions et le fruit de notre expérience. Nous prouverons par de nombreux faits, dans cette nouvelle publication, toute la supériorité du rationalisme médical sur les moyens empiriques encore en vigueur jusqu'à ce jour.

Les fonctions sexuelles chez la femme réagissent sur l'organisme, de manière qu'au point de vue médical, les affections particulières aux femmes forment un cadre tellement distinct, qu'elles exigent des études et surtout une aptitude toutes spéciales.

C'est là une vérité qui semble avoir été entièrement oubliée et dont nous nous proposons de démontrer la parfaite évidence.

HISTOIRE PHYSIQUE ET MORALE DE LA FEMME.

PREMIÈRE PARTIE.

ORIGINE DE LA FEMME.

Dieu, en tirant l'homme du néant pour donner un souverain à la terre, voulut qu'à l'exemple des animaux déjà créés et soumis à son empire, ce nouveau maître du monde eût une compagne, avec le concours de laquelle il pût perpétuer son espèce; et pour montrer l'intimité qui devait exister entre ces deux êtres intelligents créés l'un pour l'autre, il fit naître, dit l'Écriture sainte, la femme d'une côte de l'homme.

La femme, cette perfection de la création, ce chef-d'œuvre de la divinité, a donc cette supériorité sur l'homme, que celui-ci a été tiré du limon, tandis qu'elle-même est née d'un être déjà créé, et établi par le maître de tous pour régner sur tout.

Déjà l'homme était regardé par le Créateur comme son chef-d'œuvre; mais il voulut essayer si de ce chef-d'œuvre, il ne pourrait faire naître quelque chose de mieux encore, et de cet essai naquit la femme, qui fut le chef-d'œuvre par excellence, le chef-d'œuvre des chefs-d'œuvre.

Telle est l'origine de la femme, plus noble, plus élevée que celle de l'homme, puisqu'elle est la dernière expression de la volonté de l'Être suprême, et le dernier effort du génie sublime de l'inventeur de toute chose.

Tant de précaution de la Divinité n'indiquait-il pas déjà le rôle qui, d'après la création, devait être départi à la femme, elle aussi à son tour créatrice future de l'homme ?

Mais, hélas! cette procréation ne devait plus être l'effet puissant de la volonté d'un Dieu, car elle devait être accompagnée des douleurs cruelles de l'enfantement.

Le sort pénible, et pourtant si glorieux, réservé par Dieu à la créature qui semblait dès l'abord devoir être l'objet de toutes ses prédilections, ne paraît-il pas établir un contraste frappant avec la sollicitude apportée par la Divinité dans la création de cet être parfait ?... Mais Dieu, en attachant aux fonctions procréatrices des conditions si dures, a voulu faire comprendre à l'homme, combien était immense la prérogative qu'il lui accordait de reproduire son espèce, prérogative qui, si elle eût été accompagnée de ses seuls attraits, eût trop enflé l'orgueil de l'homme déjà si vain de commander sur la terre.

Peut-être aussi les douceurs si ineffables de la maternité eussent eu moins de prix pour la femme, si elles n'eussent été précédées par ces douleurs si cruelles et pourtant si vite oubliées; car le bonheur procure peu de jouissance à qui n'a jamais connu le malheur. Tant il est vrai que la justice divine a su tout compenser.

Tous les interprètes des livres sacrés ne s'accordent pas sur l'origine de la femme. Les Rabbins ne croient pas que la femme fut créée comme l'homme à l'image de Dieu, ils assurent qu'elle fut moins parfaite, parce que, disent-ils, Dieu ne l'avait formée que pour lui servir d'aide dans le grand œuvre de la reproduction de l'espèce.

On trouve dans l'histoire des Juifs que Dieu ne voulut point former la femme de la tête de l'homme, ni des yeux, ni de toute autre partie susceptible de lui imprimer des défauts, que, malgré ces précautions, elle sut bien, disent-ils, contracter.

Les Rabbins ont traduit le mot hébreu *stelach* par celui de côté au lieu de côte, parce que, disent-ils, le premier homme était double et androgyne et qu'on n'eut besoin que d'un coup de hache pour séparer les deux corps; mais les Rabbins ont emprunté cette fable à la philosophie de Platon.

D'autres écrivains disent que Moïse ne parle point que Dieu eût donné une âme à la première femme; mais remarquons en passant que la femme était extrêmement maltraitée par la loi juive. Personne ne s'est jamais abandonné aux femmes avec plus de frénésie que Salomon, et pourtant jamais personne ne les a tant injuriées que cet écrivain sacré.

Il appartenait à la loi chrétienne de défendre la

femme contre les lois et les usages barbares de l'Orient, et le premier défenseur de ce sexe faible fut l'Homme-Dieu, lui descendu sur la terre pour protéger le faible contre le fort, l'âme contre l'instinct.

La prétendue androgynie du premier homme, répétée par les Rabbins, est une idée empruntée par eux aux ouvrages grecs des disciples de Platon.

C'est ainsi qu'il fut dit que Dieu était mâle et femelle. C'est de pareilles monstruosités que sont nés les Éons et les hermaphrodites.

Synésius, évêque chrétien, a aussi attribué à Dieu les deux sexes, ce qui prouve que l'orgueil de l'homme tend sans cesse à comparer à son essence matérielle et impure, ce que son œil n'a pas la puissance d'entrevoir. Pauvre humanité, quand donc auras-tu la conscience de tes misères?...

Une secte chrétienne prétendait que, lorsque Dieu créa l'homme, il ne le forma ni mâle ni femelle; mais que la distinction des sexes est l'ouvrage du diable.

Manassa, Ben-Israël, Maimonid, prétendent qu'Adam fut créé homme et femme, homme d'un côté, femme de l'autre, et qu'il était ainsi composé de deux corps que Dieu ne fit que séparer.

Platon dit que les dieux avaient d'abord formé l'homme d'une figure ronde avec deux corps et deux sexes; ce tout bizarre était d'une force extraordinaire qui le rendit insolent. L'androgyne résolut de faire la guerre aux dieux : Jupiter irrité l'allait détruire; mais fâché de faire périr en même temps le genre humain, il se contenta d'affaiblir l'androgyne en le séparant en deux moitiés. Il ordonna ensuite à Apollon de perfectionner ces deux demi-corps, et d'étendre la peau afin que toute leur surface en fut couverte; Apollon obéit et la noua au nombril, si cette moitié se révolte, elle sera encore subdivisée par une section qui ne lui laissera qu'une des parties qu'elle a double, et ce quart d'homme sera anéanti s'il persiste dans sa méchanceté.

L'idée de cette androgynie pourrait bien venir d'un passage emprunté aux livres de Moïse, où cet historien de la naissance du monde dit qu'Ève était l'os des os, la chair de la chair d'Adam. C'est de là que quelques poëtes ont fait naître la cause de ce penchant qui entraîne un des sexes vers l'autre, en raison de l'ardeur naturelle qu'ont les moitiés de l'Androgyne pour se rejoindre.

Ils attribuent aussi l'inconstance à la difficulté qu'a chaque moitié à rencontrer sa semblable.

Dieu, en faisant naître la femme du premier homme, ne semble pas avoir eu pour but d'en faire un être supérieur à l'homme, mais bien de lui faire comprendre l'union intime qui doit exister constamment entre deux êtres créés l'un pour l'autre, et de démontrer à l'homme combien doit lui être cher un être qu'il a fait naître de lui-même ou plutôt qui est une partie de lui-même.

L'homme sans la femme est un être incomplet.

La femme sans l'homme retombe dans le néant.

La femme, disent les Écritures, n'est qu'un embryon qui a besoin du concours de l'homme pour arriver à la perfection.

La femme, être passif, est l'instrument dont devait se servir la Divinité pour multiplier l'espèce humaine, et pour que ce grand but de la reproduction de l'espèce reçût plus sûrement son accomplissement, elle fit en sorte que la beauté de la femme fût douée de telles perfections, qu'elle renfermât une attraction irrésistible pour l'homme, qui par la hardiesse de ses formes, par la noble expression de son visage et sa force physique, ne devait point cesser de régner sur l'univers.

A l'homme ont été départis la force et le courage, à la femme la douceur et la modestie.

Chez l'homme les muscles, qui sont les principaux instruments de la force animale, se montrent en relief et tendent à donner à chaque organe une forme plus décidée ; la teinte du visage, qui est recouvert d'une barbe plus ou moins touffue, sa voix plus ou moins grave et forte, annoncent la vigueur; son instinct le porte à braver les périls; sa taille haute, sa démarche fière, ses mouvements souples et assurés, tout dénote la force et porte l'empreinte du sexe qui doit asservir et protéger l'autre.

La femme délicate et tendre conserve toujours quelque chose du tempérament propre à l'enfance; ses muscles arrondis, ses formes où le gracieux des contours se marie à la mollesse des tissus ; cette modestie, cette timidité qui la portent à s'éloigner de tout péril; ce regard doux et langoureux qui semble plutôt implorer; cette démarche onduleuse et pleine de grâces qui semble plutôt faite pour séduire que pour commander; tout dans la femme dénote le sexe qui demande protection et amour.

RÉFLEXIONS

SUR L'ORIGINE DES RACES HUMAINES.

Maintenant, si nous parcourons les différentes régions de notre globe, nous observons des hommes qui semblent nés d'une autre espèce que la nôtre.

De toutes les variétés connues, on peut former quatre groupes, dont la couleur, les formes, sont extrêmement tranchées.

Ces quatre groupes peuvent se distinguer par la couleur de la peau, et former autant de races particulières, qui sont, la race blanche, dite race Caucasienne; la race jaune, dite Mogole; la race noire et la race rouge ou Américaine.

Ces quatre races sont-elles sorties d'une même souche; ont-elles eu une même origine?... Telle est la question qui vient se présenter naturellement à l'esprit; mais qui, outre qu'elle a paru insoluble aux physiologistes les plus savants, s'éloigne entièrement de notre sujet. En effet, notre tâche étant de tracer la physiologie générale de la femme, nos études nous reporteront sur les quatre races d'où semblent dériver les diverses espèces; sans qu'il puisse nous importer beaucoup, si ces quatre races sortent ou non d'une même origine, d'une même souche.

Selon nous, et d'autres qui ont plus de poids que nous, mais qui pensent de même; depuis le ciron le plus imperceptible jusqu'au modèle de perfection physique, qui est l'homme, tous les êtres semblent s'élever par un enchaînement successif et graduel dans l'échelle animale. Maintenant, rechercher si les différentes races qui constituent l'espèce humaine descendent d'une même souche, nous paraît un problème difficile à résoudre, nous l'avons déjà dit; ce que nous nous efforcerons de démontrer, c'est qu'il existe des différences notables entre les femmes de couleur et de nature différentes.

Du reste, si nous admettons que Dieu, en créant les divers genres d'animaux, ait distribué chaque genre en plusieurs variétés, il ne répugne pas plus à la raison d'admettre que dans le genre homme, il ait également créé des variétés différentes, que nous désignons aujourd'hui sous le nom de races, dont les attributs distinctifs sont tellement tranchés, qu'il est impossible de les méconnaître soit par la couleur de la peau, soit par la configuration des parties molles, soit par la charpente osseuse elle-même.

Vouloir soustraire l'homme à une loi aussi généralement établie dans la nature, et aussi bien tranchée pour notre espèce que pour le restant de l'échelle animale, est une absurdité au premier chef: il y a autant de différence entre une femme de Papou, et plus même, et une Vénus de Médicis, qu'entre un dogue et une levrette.

On s'est trop appuyé sur les traditions historiques dont on s'est toujours exagéré l'importance. L'orgueil de l'homme, en voulant soustraire son espèce à la loi commune, ne peut que prouver davantage la misère de son origine. L'homme ressemble beaucoup au parvenu qui rougit de sa naissance.

Du papou à l'orang-outang, quelle est la distance?... A peine en existe-t-il... Et ce papou est pourtant un homme. Mais entre l'homme et les êtres surnaturels, où est le premier échelon?... En vain notre orgueil le cherchera-t-il dans la matière, il ne pourra le trouver que dans l'essence divine qui nous donne la vie et la réflexion, dans notre âme, qui, elle, n'a pas de forme, est incomprise, impalpable.

Ainsi donc, que Dieu, sortant de la règle qu'il a établie pour le reste de la création, ait créé une seule variété d'hommes ou non, toujours est-il qu'aujourd'hui l'espèce humaine se partage, comme je l'ai dit plus haut, en quatre races parfaitement distinctes.

Parmi les races humaines, celle qui se distingue à un plus haut degré par la beauté des formes, par l'intelligence, est la race blanche, dite aussi race caucasienne.

ATTRIBUTS DE LA FEMME

CHEZ LES DIFFÉRENTES RACES.

Si nous considérons la femme dans les diverses races, nous la trouvons partout relativement la même à l'égard de son espèce.

Le squelette de la femme diffère sensiblement de celui de l'homme; la femme a le tronc plus allongé; le milieu du corps tombe chez elle entre l'ombilic et le pubis; chez l'homme, il répond à l'arcade pubienne.

Les os de la femme n'offrent point ces empreintes profondes qui, chez l'homme, dénotent la puissance des attaches musculaires; les os, moins volumineux, sont aussi moins durs; leurs apophyses, leurs courbures sont aussi moins prononcées.

En général la boîte osseuse du crâne offre moins de capacité chez la femme que chez l'homme; le frontal moins évasé offre moins d'élévation; tous les os du crâne sont moins épais. Mais c'est surtout le tronc qui offre les différences les plus remarquables.

Les clavicules sont moins courbées et plus droites que dans l'homme; la poitrine, par conséquent, est moins évasée : elle perd en largeur ce qu'elle gagne en hauteur par une plus grande longueur du tronc. Le sternum plus court, mais plus large, est relevé en avant, ce qui augmente l'épaisseur de la poitrine.

Ce sont surtout les os du bassin qui indiquent les fonctions sacrées départies à la femme par le Créateur. En effet, si chez l'homme créé pour le commandement, la poitrine est plus évasée, les hanches en retour sont plus rétrécies; tandis que chez la femme, au contraire, la poitrine est plus rétrécie et les hanches plus largement développées de manière à soutenir convenablement le fruit de la fécondation.

Les os des hanches offrent plus de convexité en dehors, et contribuent ainsi à donner plus d'ampleur au bassin. Les os pubiens se touchent par un plus petit nombre de points, et sont disposés de manière à augmenter l'étendue comprise entre eux et le coccix.

De cette disposition du bassin, il résulte que les fémurs sont plus éloignés l'un de l'autre, par conséquent plus obliques. Les genoux se portant plus en dedans, le changement du centre de gravité qui marque chaque pas est beaucoup plus sensible; la progression exige par cela même plus d'efforts de la part de la femme, et lui cause plus de fatigue.

Cette différence qu'offre le squelette de la femme, comparé à celui de l'homme, existe pour toutes les races et est inhérente au sexe; mais il existe dans les races humaines d'autres différences squelettiques qui tiennent à l'espèce même.

Ainsi, par exemple, la race jaune comparée à la race blanche nous offre une différence sensible dans la conformation du crâne et de la face. Le crâne aplati, les os des pommettes saillants, le menton long et avancé, la mâchoire supérieure enfoncée, l'ouverture orbitaire disposée d'une manière oblique, la voûte surcillaire saillante, les os du nez écrasés, constituent une différence qui caractérise toute la race mogole.

Les Chinois, qui composent le type de cette race jaune, sont dans l'usage d'empêcher le pied de croître à leurs femmes par des moyens violents, en sorte qu'elles ne peuvent marcher.

Les Lapons, outre la conformation osseuse de la race jaune, sauf la direction de l'ouverture orbitaire, sont d'une stature ordinaire de quatre pieds, et dépassent rarement quatre pieds et demi.

La race noire se distingue, quant au squelette, par une boîte osseuse du crâne, dure et épaisse, d'une capacité moindre que celle de la race blanche, le frontal moins élevé, quelquefois aplati, fuyant en arrière ; les os des pommettes saillants, le nez écrasé, la mâchoire supérieure en avant, les os du pied portant à plat sur le sol.

La race rouge, ou caraïbe, n'offre rien dans son squelette de bien remarquable qui ne soit dû à l'artifice. En effet, s'ils ont le front et le nez aplatis, on doit plutôt l'attribuer au caprice qu'ont les sauvages d'altérer la figure humaine pour la rendre plus terrible, ou tout simplement à un simple usage de la nation.

Telles sont les différences que nous pouvons signaler dans les squelettes des races humaines comparés entre eux.

Mais si ces différences paraissent légères dans la charpente osseuse, il n'en est pas de même pour les parties molles qui constituent la beauté des traits et la régularité des formes.

BEAUTÉ RELATIVE DE LA FEMME

DANS LES QUATRE RACES.

RACE BLANCHE.

De toutes les femmes de notre globe, les femmes du Gurgistan et des environs du mont Caucase passent pour les plus ravissantes par leurs formes parfaites, l'éclat de leur teint, la délicatesse de leurs contours, leurs grâces, et la volupté qui s'exhale de toute leur personne. Aussi sont-ce les femmes de cette contrée qui servent de type à toute la race blanche, dite race caucasienne.

Ce qui mérite au plus haut point d'attirer l'attention de tout observateur, c'est que dans les animaux les femelles sont dépourvues des ornements, des couleurs vives et brillantes qu'on voit ordinairement dans les mâles, tandis que la femme, au contraire, réunit toutes les grâces et les agréments capables de séduire.

La femme de race blanche, à l'époque brillante de la puberté, qui est son triomphe, nous offre à profusion toutes les perfections admirables de ces chefs-d'œuvre des statuaires qui l'ont prise pour modèle.

A peine arrivée à l'âge où elle peut accomplir la

tâche sublime pour laquelle Dieu l'a créée, les traits de son visage prennent plus d'expression et plus de liaison, sa peau plus de velouté; le cou s'arrondit et semble se dégager pour acquérir plus de souplesse; on voit la colonne vertébrale acquérir une cambrure voluptueuse qui donne à la femme une partie de ses grâces et de ses attraits.

Le tissu cellulaire, plus abondant et plus dense, efface les saillies musculaires pour donner aux membres et à tout le corps, les contours fins et déliés qui provoquent les désirs.

Les battements du cœur, plus accélérés, donnent à toutes les parties plus de coloris.

Les yeux, naguère encore muets, acquièrent de l'éclat et de l'expression. Les seins s'arrondissent en contours voluptueux, et, tout en invitant au plaisir, se préparent à l'accomplissement des fonctions sublimes de l'allaitement.

Les hanches, en prenant plus d'ampleur, donnent à la taille plus de souplesse et de grâces.

Les parties génitales acquièrent plus de développement, et s'ombragent de poils qui semblent vouloir cacher l'entrée du temple où peut s'accomplir désormais les mystères de la reproduction.

La femme géorgienne est grande, a la taille déliée et bien faite, la peau blanche comme la neige, les cheveux du plus beau noir, le teint le plus frais et animé des couleurs les plus fines et les plus délicates, le front grand et uni, les sourcils tellement fins et déliés qu'ils ressemblent à un filet de soie recourbé, les yeux grands, doux et pleins de volupté, le nez bien fait, les lèvres vermeilles, la bouche riante et petite, le menton disposé de manière à former, avec le restant du visage, un ovale parfait, le cou onduleux, la gorge voluptueusement arrondie et ferme. Tout l'ensemble de ces femmes admirables est empreint d'un air majestueux qui en rehausse encore la beauté.

Le type géorgien, admis comme beauté conventionnelle, n'exclue pas un autre genre de beauté dans la race blanche. Ainsi, chaque peuple, chaque contrée admet son genre de beauté. Tel préfère la blonde éclatante à la brune sémillante, certains peuples préfèrent même les femmes rousses.

En général, dans tout l'Orient les femmes emploient tous les moyens pour arriver à un embonpoint excessif.

Les Françaises, les Italiennes, les Anglaises, les Allemandes, les Polonaises, les Circassiennes, toutes à peu près situées sous la même latitude, ont beaucoup d'analogie pour le teint et le genre de beauté.

En général, plus on s'approche des pôles, plus les femmes sont blanches, et plus on rencontre de cheveux blonds; déjà en Angleterre les cheveux noirs commencent à devenir rares; mais dans le Nord, en Suède, en Norwège, en Danemark, presque toutes les femmes ont les cheveux blonds cendrés et la peau d'un blanc diaphane.

Lorsqu'on approche des tropiques, au contraire, on commence à s'apercevoir dès au midi de la France, en Italie, en Grèce, etc., de la différence de couleur chez les femmes.

La femme espagnole est moins grande que celle de Géorgie; sa taille admirablement prise dans la jeunesse se déforme assez rapidement par trop d'embonpoint, à mesure qu'elle avance en âge. Le teint des femmes espagnoles est d'un blanc pâle et velouté; leurs yeux sont noirs, brillants et provoquants; leurs membres bien arrondis; le pied bien cambré et petit; les cheveux excessivement noirs; elles ont cet air sérieux, dédaigneux même, capable d'exciter les plus violentes passions.

RACE JAUNE.

La beauté chez la race jaune est loin de nous offrir les mêmes traits que la race caucasienne. Tant il est vrai que le beau n'est qu'un mot qui ne peut être adapté qu'à des idées conventionnelles.

La femme de race jaune offre plus de diversité selon le nombre de nations qu'elle renferme et qui est très considérable.

De même que nous avons été chercher en Géorgie, sous des climats tempérés, le type de la race blanche, de même aussi nous trouverons le type de la race jaune en Chine, et dans la province la plus riche et la plus saine de ces contrées.

Les Chinoises ont la peau jaune, la taille un peu ramassée, ayant assez d'embonpoint, quoique contrairement à la race blanche d'Orient, les Chinois estiment les femmes maigres et les hommes gros. Les cheveux sont noirs, les seins bas et flasques, à mamelons noirs, elles ont une puberté assez précoce, les yeux noirs, petits, extrêmement écartés, longs et obliques. Les jeunes filles, instruites par leurs mères, se tirent continuellement les paupières, afin d'avoir les yeux plus petits. Le nez est écrasé, les oreilles sont longues, larges, ouvertes et pendantes. Du reste les lèvres sont vermeilles, la bouche bien faite, les cheveux fort noirs, mais l'usage du bétel et de l'arec leur noircit les dents.

Les Chinoises font consister toute leur coquetterie dans la petitesse de leurs pieds qui, dès l'enfance, sont serrés avec des bandes au point qu'elles ne peuvent plus marcher.

Toutes les femmes de cette race n'offrent pas de particularités assez grandes pour que nous nous y arrêtions. Les difformités qu'elles peuvent offrir ne dépendent que de quelques coutumes plus ou moins bizarres adoptées par les nations dont elles font partie.

RACE NOIRE.

Si nous voulons prendre parmi la race noire une femme modèle, nous devons étudier les formes de la négresse du Sénégal.

La femme noire des bords du Sénégal a les traits assez réguliers et ne diffère guère de la femme blanche que par des cheveux crépus, le nez écrasé, les lèvres grosses et la couleur noire de la peau. Du reste, la négresse du Sénégal a de beaux yeux, des dents admirables de blancheur, mais il faut que la peau soit très-noire et très-luisante, toutefois elle est très-fine et très-douce. Mais ces femmes ne laissent pas que de répandre une odeur désagréable lorsqu'elles sont échauffées.

Ce tableau flatteur de la femme de race noire est loin d'être applicable à toutes les négresses. En effet, les Hottentotes sont petites, ont le visage aplati, de la laine sur la tête, le nez écrasé, la bouche en museau, les lèvres grosses, les mamelles pendantes, la démarche disgracieuse en raison de la forme de leurs pieds grands et aplatis.

Aux parties génitales, elles ont les nymphes tellement pendantes qu'on les a désignées sous le nom de tablier des Hottentotes. Si vous ajoutez à ce tableau déjà si dégoûtant, que ces hideuses créatures, rongées de vermines, s'enduisent le corps de graisse puante et de bouses de vaches, vous comprendrez qu'elles peuvent être mises au rang des animaux les plus immondes.

Entre la négresse du Sénégal et la négresse hottentote, il y a peu de nuances qui puissent nous offrir beaucoup d'intérêt.

RACE ROUGE.

Dans la race rouge, ou Caraïbe, les plus belles

femmes se trouvent aussi dans les zones tempérées, comme chez les Illinois, par exemple.

La femme du Caraïbe est plus petite que l'homme de son espèce, grasse, assez bien faite, les yeux noirs, les sourcils peu marqués, les cheveux de même couleur, le tour du visage rond, le nez recourbé et un peu fort, la bouche petite, les dents belles et fort blanches, l'air gai ; elle se barbouille de rocou ; peu ou pas de poils aux parties génitales.

Tous les peuples sauvages de l'Amérique qui constituent la race rouge ont l'habitude de se déformer les traits et les membres ; mais ces déformations ne viennent en aucune façon de leur conformation originelle. Ainsi si la femme caraïbe a les jambes grêles, c'est en raison de la constriction établie d'une manière constante à la partie supérieure de ces membres.

Tels sont, du reste, les types de beauté des diverses races humaines dont nous allons à présent étudier les coutumes et les mœurs.

MŒURS ET COUTUMES DE LA FEMME.

RÉFLEXIONS.

Avant de commencer l'étude des mœurs de la femme dans les diverses races humaines, nous ne pouvons retenir une réflexion pénible : c'est que la plupart des auteurs qui ont écrit sur ce sujet se sont plutôt efforcés de faire ressortir les vices et les turpitudes des différents peuples que de retracer leurs véritables coutumes.

Sans doute que là où la civilisation est moins avancée, il y a moins de moralité et plus d'abandon au déréglement des mœurs, l'instinct trouvant moins de frein et prédominant toujours sur la raison. Mais ne serait-ce que dans notre pays qu'il y aurait des lois établies contre le libertinage, et ceux qui vivent sous d'autres climats et soumis à d'autres lois, seraient-ils véritablement assez malheureux pour manquer de frein contre l'immoralité?... Serait-il donc vrai que certains pays se trouveraient ainsi privés des lois sacrées de la famille?... Se pourrait-il que l'ignorance et la barbarie existeraient encore à ce point d'affranchir la femme dans certains pays de toute pudeur et de toute morale?...

Grâce à Dieu, nos études, nos recherches nous ont conduit à croire et à rester persuadé qu'il y a eu des exagérations énormes dans les écrits les plus accrédités sur ce point, soit que ces auteurs aient été induits en erreur par des compilations surannées ou des rapports mensongers, soit qu'ils aient cru apporter plus de piquant à leurs écrits en calomniant auprès des dames de nos contrées, les femmes réputées barbares des contrées éloignées.

Notre civilisation imprime sans aucun doute plus de retenue, plus de délicatesse dans les rapports; sans doute aussi que les exigences de la pudeur peuvent être tout autres dans nos contrées que dans certains pays moins civilisés, et que ce qu'il faut cacher ici peut se montrer ailleurs sans manquer pour cela aux saintes lois de la modestie : mais ce sont ces usages, ce sont ces mœurs qu'il faut mettre en relief pour faire connaître toute la valeur des appréciations si peu charitables de beaucoup d'écrivains.

Ici la femme croira manquer à toute pudeur en se découvrant le sein devant des personnes d'un sexe différent ; là une autre femme laissera voir les parties les plus secrètes de son corps pour ne pas laisser entrevoir son visage, bien peu fait souvent pour en inspirer. Le mot pudeur, comme le mot beauté, est donc aussi un mot adapté à une idée conventionnelle et rien de plus.

Quant à l'incontinence des femmes, il est de fait que tous les peuples civilisés se sont accordés à la flétrir, car c'est la destruction de toute loi sociale. Mais ce vice serait-il endémique en certaines contrées, comme on l'a écrit ? c'est ce que nous étudierons, et nous serons sans doute assez heureux pour découvrir des femmes vertueuses sous toutes les zones et en tous pays.

GÉORGIENNES. — MINGRÉLIENNES ET PERSANES.

La Mingrélie et la Géorgie sont la Colchide des Anciens, elles sont voisines de la Turcomanie et de la Circassie.

Ce pays, couvert de bois, est très fertile, mais

mal cultivé. Les seigneurs de ces contrées ayant droit de vendre leurs sujets en font un gros commerce avec les Turcs et les Persans.

Du reste, les esclaves n'y sont pas chers, et il y a moins d'un demi-siècle, les hommes de 25 à 40 ans n'y valaient qu'une vingtaine d'écus, et les belles filles de 12 à 18 ans que trente écus.

Les femmes de Mingrélie, dit Chardin, sont merveilleusement bien faites, charmantes pour le visage et la taille, leurs yeux sont admirables; les plus âgées se fardent beaucoup, mais les autres se contentent de peindre leurs sourcils en noir, leur costume est semblable à celui des Persanes que nous décrirons plus tard. Elles portent un voile qui ne couvre que le dessus et le derrière de la tête, elles sont spirituelles et affectueuses.

Tous les défauts inhérents à l'ignorance où sont encore ces peuples, règnent parmi ces femmes. Le concubinage, la bigamie et l'inceste sont tolérés. Du reste, les maris ne sont pas jaloux; un homme qui surprend sa femme couchée avec son amant, se contente de faire payer à l'amant une somme légère, et au dire de Chardin, un cochon qu'ils mangent ensuite à eux trois.

Il y a en Mingrélie et en Géorgie des couvents de filles, puisque la religion chrétienne y est professée, mais ces filles ne font aucun vœu.

Selon Chardin, l'impudicité des filles de Géorgie est excessive; mais aussi que ne peut sur les mœurs, l'influence de la tyrannie et de la barbarie des maîtres qui trafiquent de ces malheureuses créatures comme de bêtes de somme; et pourtant, en aucun lieu du monde, l'on ne rencontre ni d'aussi jolis visages, ni d'aussi fines tailles.

Les malheureuses filles de ces contrées, vendues comme esclaves, sont ensuite conduites en Perse ou dans les harems des Turcs, qui pourtant ne les obtiennent que comme objets de contrebande, car les Persans sont extrêmement jaloux de cette marchandise dont ils se sont réservé le monopole.

Ces malheureuses arrivent en Perse dans un dénûment absolu, dit Amédée Jaubert; j'ai rencontré, dit cet écrivain, quatre Géorgiennes dans un tel état de dénûment, que quand elles voulaient dormir, l'une d'elles était obligée de servir de coussin aux autres.

Plus belles que les Persanes, les Géorgiennes inspirent un plus vif amour, et sont d'autant plus recherchées des Persans qu'ils espèrent obtenir de l'union qu'ils contractent avec elles, des enfants qui leur ressemblent. Ces jeunes filles acquièrent de la sorte la plus grande influence dans ces pays où elles sont arrivées à peine vêtues.

Ainsi, dit Amédée Jaubert (*Voyage en Arménie et en Perse*), ces vierges chrétiennes, d'abord victimes de la barbarie de spéculateurs avides, arrachées des bras de leurs mères éplorées, sont transportées des rivages de l'Euxin, jusqu'à ceux de la mer Caspienne et de là sur ceux de l'Araxes. Accablées de fatigues et portant des habits grossiers qui les défendent à peine des injures de l'air, elles arrivent en Perse, y trouvent, au lieu des montagnes stériles de leur patrie, des jardins délicieux et fertiles, et au lieu de leurs féroces compatriotes, un peuple affable, voluptueux et poli. Bientôt elles prennent, par leur beauté, leur affabilité et leurs grâces, le plus grand empire sur leurs nouveaux maîtres.

Les idées que les Turcs se font de la beauté des femmes diffèrent beaucoup des nôtres. Plutôt émus par des sensations fortes, ils préfèrent les formes massives aux formes élégantes.

Les Persans, au contraire, aiment les tailles déliées, et lorsqu'ils veulent vanter celle d'une jeune beauté, ils la comparent à un cyprès. Un regard doux et caressant est moins propre à enflammer les uns et les autres qu'un regard vif et animé; c'est pour cette raison que leurs femmes font usage de poudre d'antimoine qui donne à l'œil une sorte de langueur voluptueuse, sans toutefois en trop amortir l'éclat. Elles trempent, à cet effet, dans une poudre fine d'antimoine, une tige mince d'ivoire qu'elles passent ensuite entre les cils, qui restent ainsi imprégnés de poudre noire.

Des sourcils noirs, bien arqués et se joignant l'un et l'autre, étant considérés comme une très-grande beauté, elles ont également recours à l'art pour les faire paraître tels.

Enfin, elles peignent, après le bain, leurs ongles avec une couleur jaune ou rouge, préparation cosmétique dont tout le monde fait usage, et sans laquelle il serait peu décent de se présenter.

Les femmes des peuples nomades, dit Amédée Jaubert, dans plusieurs parties de la Turquie sont dans l'usage d'imprimer sur diverses parties de leur corps des signes indélébiles, et de percer leurs lèvres et leurs narines pour y passer des anneaux. En Perse et dans le Gurgistan il n'existe rien de pareil.

Les dames turques ont coutume de se surcharger de vêtements; les Persanes négligent extrêmement leur parure dans l'intérieur des harems.

Les unes et les autres portent ordinairement une chemise de gaze, une robe de soie et des bas d'une ampleur démesurée.

En hiver, elles font usage d'étoffes ouatées et de châles; hors de leurs maisons, elles ont, comme on le sait, la tête couverte et un voile qui leur tombe jusqu'aux pieds.

RÉFLEXIONS

SUR LES MOEURS DES FEMMES EN ORIENT.

Si les femmes de l'Orient aiment la parure, si elles sont lascives, comme on le dit, à qui doit-on s'en prendre ?... Réduites en esclavage, n'ayant à s'occuper que de l'unique soin de plaire, elles sont lascives, parce que les goûts de leurs maîtres l'exigent; elles sont libertines pour favoriser le libertinage de leurs tyrans; leurs goûts sont ce qu'exigent les goûts de ces barbares, n'en accusons donc point la constitution de ces femmes, chez qui l'on s'étudie à développer les sentiments instinctifs au détriment des sentiments moraux, que l'on cherche à éteindre, au contraire.

La femme est née pour plaire à l'homme, partout, en tout pays, elle est ce que la fait l'homme lui-même; car si elle résiste aux désirs de celui à qui elle cherche à plaire, c'est néanmoins elle qui provoque ces désirs; or, le genre de provocation doit être analogue aux goûts et aux mœurs des hommes auxquels s'adresse la femme. Si donc, dans l'Orient, les femmes paraissent lascives aux hommes des États civilisés de l'Europe, c'est qu'en Orient elles n'ont qu'à provoquer des hommes grossiers, dont les sens engourdis par la mollesse et la satiété ne peuvent être éveillés que par une vive excitation.

Ce qui paraît provocation indécente pour nous habitués aux doux sentiments et aux délicatesses d'un chaste amour, n'est pour ces barbares qu'agaceries légères, à peine suffisantes pour réveiller leurs sens flétris.

Malheur à la femme des harems, qui serait assez infortunée pour ne pas fixer l'attention du maître; abandonnée, oubliée, son existence ne serait plus qu'un long deuil, sa demeure un tombeau. La femme du harem a donc d'autant plus de frais à faire pour plaire à son tyran, qu'elle n'est pas seule à rechercher ses bonnes grâces. Là ce n'est plus l'homme qui

DU MÊME AUTEUR :

I. — 1836. — **Réflexions sur la Descente de la matrice,** sur les avantages du traitement antiphlogistique local et les inconvénients du Pessaire. (*Gazette médicale*, n° 41, 1836.) (*Dictionnaire de Fabre*, article Utérus.)

II. — 1838. — **Essai sur le traitement rationnel de la Descente de l'utérus** et les Affections les plus communes de cet organe. (Chez Germer-Baillière, 1 vol. in-8, et *Dictionnaire* de Lucas Championnière, article Abaissement.)

III. — 1847. — **Supériorité des Émissions sanguines** dans le Traitement des Affections utérines. (1 volume in-8, chez Germer-Baillière.)

IV. — 1847. — **Mémoire sur la Cystite cantharidienne**, présenté à l'Institut à l'appui des travaux du docteur Morel Lavallée. (*Mention honorable.*)

V. — 1847. — **Mémoire sur les Plaies déchirées du scrotum.** (*Revue médico-chirurgicale*, février, page 116.) (*Gazette des Hôpitaux*, 24 avril et 4 octobre 1849.)

VI. — 1847. — **Revue critique des divers traitements employés contre les Affections utérines.** (1 brochure in-8, chez Germer-Baillière.)

VII. — 1847. — **Mémoire sur la transmission de l'Érysipèle** par voie de contact. (*Revue médico-chirurgicale*, p. 243, avril.)

VIII. — 1848. — **Mémoire sur les Engorgements des ovaires.** (*Union médicale*, n° 70, 10 juin.)

IX. — 1849. — **Mémoire sur les Émissions sanguines** dans le Traitement des déplacements et des engorgements de l'utérus. (*Gazette des Hôpitaux*, n° 103, 4 septembre.)

X. — 1849. — **Mémoire sur les Hémorrhagies utérines.** (*Gazette des Hôpitaux*, n° 131, 10 novembre.)

XI. — 1849. — **Mémoire sur un Érysipèle à marche saccadée.** (*Gazette des Hôpitaux*, n° 146, 15 décembre.)

XII. — 1850. — **Mémoire sur deux cas de Catalepsie intermittente** avec engorgement splénique. (Académie de médecine, M. Piorry, rapporteur.)

XIII. — 1850. — **Mémoire sur les Polypes fibreux de l'utérus.** (Société de chirurgie.)

XIV. — 1850. — **Mémoire sur le Cancer du vagin.** (*Gazette des Hôpitaux*, inédit.)

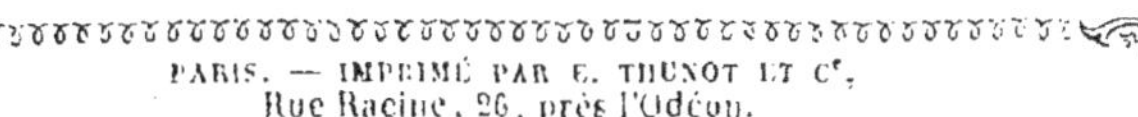

PARIS. — IMPRIMÉ PAR E. THUNOT ET Cie,
Rue Racine, 26, près l'Odéon.

www.ingramcontent.com/pod-product-compliance
Lightning Source LLC
LaVergne TN
LVHW020303230826
846091LV00006B/2498

* 9 7 8 2 0 1 3 0 3 9 8 5 7 *